Arena Bibliothek des Wissens

Lebendige Biographien

Arena

Informationen zu Unterrichtsmaterialien
unter www.arena-verlag.de

Die Originalausgabe erschien 2002 unter dem Titel »Galileo e la prima guerra stellare«

Für die deutsche Ausgabe:
8. Auflage 2012

Übersetzung aus dem Italienischen
von Anne Braun
Lektorat: Annett Stütze
Coverillustration: Joachim Knappe
Gesamtherstellung: Westermann Druck Zwickau GmbH
ISBN 978-3-401-05741-5

www.arena-verlag.de
Mitreden unter forum.arena-verlag.de

Galilei und der erste Krieg der Sterne

LUCA NOVELLI

Aus dem Italienischen
von Anne Braun

Galileo Galilei

Galileo Galilei hat die Grundlagen der modernen Physik gelegt, eine Vielzahl von Geräten konstruiert und mit seinen Experimenten großes Aufsehen erregt. Er hat eine Menge Dinge entdeckt, darunter die Krater auf der Mondoberfläche, die Jupitermonde und die Sonnenflecken.
Hier erzählt Galileo Galilei sein Leben, von seiner Kindheit bis zu seinen letzten Jahren als starrköpfiger alter Mann.
Er lebte um das Jahr 1600 in Italien, in einer Welt der Kriege, Pestepidemien und des Aberglaubens.
Er hatte mächtige Freunde, aber auch Feinde.
Um ein Haar wäre er wegen Ketzerei auf dem Scheiterhaufen gelandet.
Er führte nämlich einen Krieg – einen Krieg im Namen der Sterne.

IN DIESEM BUCH GEHT ES UM ...

mich, Galileo Galilei. Ich erzähle von meiner Kindheit in der Nähe des Schiefen Turms von Pisa.

Es geht um meine Studien, meine Erfindungen, meine Liebe zur Musik und zu gutem Essen.

Es geht um mein heiß geliebtes Fernrohr.

Es geht um meine Bücher und meine Ansichten über die Erde, die Sonne und das Universum im Allgemeinen.

Es geht um die päpstliche Inquisition.

Es geht um meine Gedanken, welche die Menschen später zur Eroberung des Weltraums führen werden.

LVNA

Der Sternenhimmel um 1600

Vor etwas mehr als hundert Jahren haben die Europäer Amerika entdeckt.

Die ersten Abenteurer haben den Erdball umsegelt.

Die Erde ist rund, daran besteht kein Zweifel mehr.

Doch über die Sterne und die Planeten herrschen ganz andere Vorstellungen als heute.

Den Mond halten die damaligen Menschen zum Beispiel für eine runde, glatte Kugel.

Die Erde steht unbeweglich im Zentrum des Universums.

Die Sonne – so steht es in der Bibel und anderen Büchern geschrieben – dreht sich um sie herum.

Nur einige wenige erleuchtete Geister wagen es, das Gegenteil zu behaupten.

Zu diesen gehört auch Galileo Galilei.

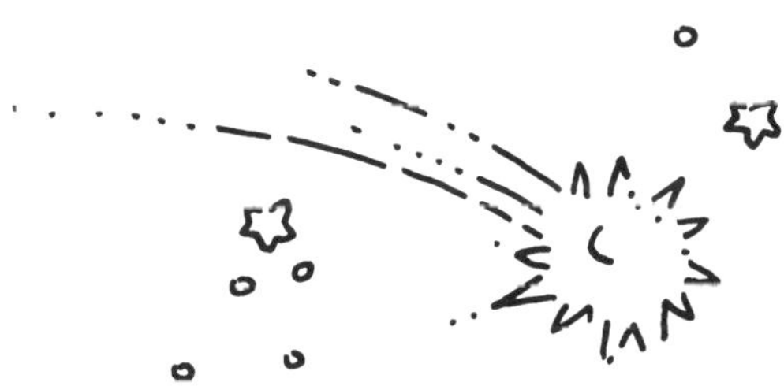

Galileo Galilei wird im Jahr 1564 in Pisa geboren, einer Stadt, die zum Herzogtum Florenz gehört und von der reichen Bankiersfamilie Medici regiert wird. Damals war Italien noch in viele Kleinstaaten unterteilt.
Pisa, eine alte Stadt, war im Mittelalter eine mächtige Seerepublik gewesen. Zu Galileis Zeiten gibt es dort eine angesehene Universität, einen botanischen Garten und eine mit Zinnen bewehrte Stadtmauer. Pisa hat eine Zeit des Niedergangs hinter sich, wurde von der Pest und Hungersnöten heimgesucht.

1. ICH, GALILEI

Hallo, Leute! Ich grüße euch, meine Leser, meine Altersgenossen im Stadtviertel San Francesco und auch alle Lausbuben innerhalb der Stadtmauern.

Ich glaube, ich bin der einzige meiner Schulkameraden, der ernsthaft lesen lernt. Die anderen sind Söhne von Handwerkern und Krämern, die nur rechnen lernen wollen.

Mein Vater dagegen, Vincenzio Galilei, ist Musiker. Als Tuchhändler arbeitet er nur, um seinen Lebensunterhalt zu verdienen. Am liebsten spielt er Orgel und Laute und er kleidet sich wie ein feiner Herr.

Papa unterrichtet die Söhne der Adligen in Musik. Er kommt mit gebildeten, hoch gestellten Personen zusammen, ähnlich wie meine Mutter Giulia Ammannati, von der alle sagen, dass sie eine vornehme Frau ist.

Vielleicht schimpft sie deshalb so oft mit uns. Mich schimpft sie aus, weil ich mich davonstehle, um in den Gassen zu spielen, und meinen Papa deshalb, weil er uns in diesem Haus leben lässt, in diesem Stadtviertel, und sie seinetwegen kein Leben führen kann, das ihrem Stande entspricht.

Vielleicht hat sie ja Recht. Ich treibe mich zu häufig am Hafen herum, bei den Schiffen, die Tiere und Waren aus fernen Ländern mitgebracht haben.

Sehr oft bin ich auch unter den Fenstern des Kerkers, wo man das Wehklagen der Gefangenen und die Schmerzensschreie derjenigen hören kann, die gefoltert werden.

Manchmal findet Mama mich auch im botanischen Garten, wo herrliche Pflanzen aus Amerika wachsen, die ich noch nie gesehen habe. Andere Male auf der Piazza dei Cavalieri, wo die Soldaten des Ordens des heiligen Stefan exerzieren.

Aus Pisa hinaus wage ich mich nur selten. Dort ist es sehr sumpfig und viele Leute, die dort hingehen, bekommen Fieber und sterben.

In Galileo Galileis Jugendzeit gilt Mathematik ebenso wie Musik als eine Kunst. Gebildete Adlige üben sich in beidem, genau wie diese zwei französischen Adligen, die als Botschafter am englischen Hof sind. Sie haben wertvolle Geschenke für den König mitgebracht: astronomische Instrumente und eine Laute, das Musikinstrument, das Galileis Vater so geliebt hat.

(Gemälde von Holbein dem Jüngeren)

2. STÄNDIG HUNGRIG

Inzwischen sind wir nach Florenz umgezogen, in die schönste Stadt der Welt, wie mein Vater sagt, der hier geboren wurde. Allerdings wohnen wir nicht direkt in der Stadt, sondern auf einem der umliegenden Hügel.
Papa unterrichtet mich selbst. Er sagt, dass es keine Lehrer gibt, die gut genug für mich sind. Aber ich glaube eher, dass wir uns einfach keinen guten leisten können. Papa bringt mir Grammatik, Griechisch und Literatur bei, hauptsächlich aber Musik: Flöte und Orgel. Das tut er mit großem Eifer, denn die Musik ist sein Leben.
Dass er so gern musiziert, macht meine Mama Giulia wütend. Ihr wäre es lieber, er würde mehr Geld nach Hause bringen, damit sie für sich selbst schöne Kleider und für uns Kinder mehr zu essen kaufen kann.

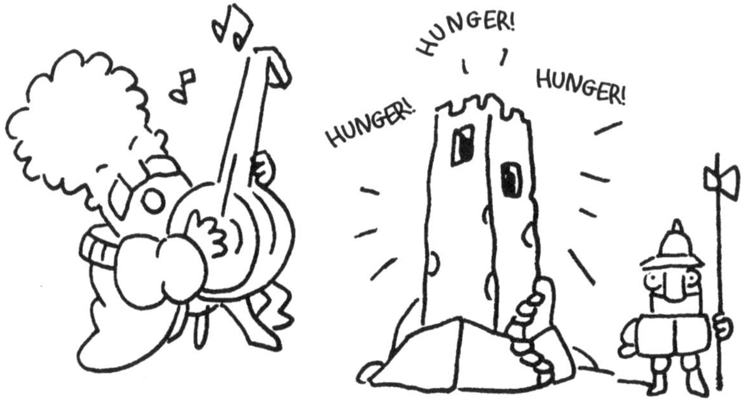

Wenn Mama schimpft, stellt Papa sich taub. Er behauptet, die Musik verkörpere Freiheit und Wahrheit.
Er komponiert die Musik für eine schreckliche Tragödie: die Einkerkerung des Grafen Ugolino im Hungerturm. Darüber kann ich nur lachen, denn eigentlich leben wir ja selbst in einem Hungerturm.

Irgendwann kommt Papa auf die Idee, mich zur weiteren Erziehung ins Kloster Vallombrosa zu schicken. Zu eurer Zeit würde man sagen, ich komme ins Internat. Dieses Kloster hättet ihr sehen sollen!

Es liegt in tausend Metern Höhe und ist von hohen Tannen und Buchen umgeben. Hier ist es ständig kalt und feucht, besonders im Winter, wenn die Wolken fast bis in meine Zelle reichen. Fenster haben wir natürlich keine. Und draußen gibt es Eis und Schnee, Wildschweine, Wölfe, Käuze und sogar … Teufel. Das glaubt ihr nicht? Ha – ganz in der Nähe liegt eine Schlucht und es wird behauptet, hier habe ein Teufel den heiligen Johannes hinuntergestoßen. Doch dieser soll sanft wie eine Feder auf dem Erdboden gelandet sein.

Doch dafür gibt es bei den Mönchen immer reichlich zu essen: Bohnen, Gerste, Fleisch, Nüsse und Kastanien. Außerdem sind sie sehr weise. Einer der Mönche hat mir mal gesagt: Wer einem anderen nicht verzeihen kann, zerstört den Steg, über den er selbst gehen könnte. Ich weiß nicht, warum, aber ich glaube, dieser Satz wird mich mein ganzes Leben lang begleiten.

In allen Büchern, die Galileo Galilei im Laufe seiner Jugendzeit liest, steht geschrieben, dass die Erde unbeweglich im Mittelpunkt des Universums steht. Und dass die Sonne, die Sterne und die Planeten um sie herumkreisen.

Klar, wenn man in den Himmel schaut, könnte man das wirklich glauben.

Der erste Astronom, der diese Weltsicht infrage stellt, ist der ostpreußische Astronom und Domherr Nikolaus Kopernikus. Dieser behauptet, dass sich die Erde um ihre eigene Achse und gleichzeitig um die Sonne dreht. Damit hat er völlig Recht. Doch diese Erkenntnis ist so revolutionär, dass Kopernikus sie für sich behält. Erst 1543, kurz vor seinem Tod und zwanzig Jahre vor Galileis Geburt, wird Kopernikus' Buch veröffentlicht.

3. ALS STUDENT IN PISA

Das Leben oben in Vallombrosa bei den Mönchen gefällt mir ganz gut. Ich mag das Leben im Rhythmus der Glockenschläge, das Beten und den stets gedeckten Tisch. Doch nun hat Papa über meine Zukunft entschieden: Ich soll Medizin studieren und später Arzt werden.

So kommt es, dass ich schon mit fünfzehn Jahren an der Universität Pisa studiere und anatomische Vorlesungen besuchen muss.

Medizin ist zu meiner Zeit noch etwas ganz anderes als später. Es gilt mehr als künstlerisches Fach, so ähnlich wie Dichtkunst und Musik. Als Medizinstudent muss man Philosophie studieren und lernen, wie man den Patienten das Horoskop erstellt. Die Gesundheit hängt nämlich von den Sternen ab, sagen meine Dozenten.

Ich persönlich finde Mathematik viel spannender. Das wird mir klar, als ich die Vorlesungen von Ostilio Ricci an der Florentiner Kunstakademie besuche. Er berechnet, wie man Kriegsmaschinen und Befestigungsanlagen bauen kann. Wer das gut kann, ist sehr gesucht und wird von den Herrschenden gut bezahlt. Und Kriege gibt es zu meiner Zeit mehr als genug.

Heimlich besuche ich Riccis Vorlesungen und stelle fest, dass ich ziemlich begabt bin. Ich schreibe fleißig mit und entwerfe ein paar mechanische Geräte.

Als ich eines Tages in der Kirche eine herabhängende Öllampe schwingen sehe, kommt mir der Gedanke, dass man mit einem Pendel den Pulsschlag messen könnte. Ein Pendel schwingt nämlich immer im selben Rhythmus, deswegen kann man es gut zur Zeitmessung verwenden.
Nach kurzer Zeit übernehmen die Medizinprofessoren der Universität Pisa meine Idee.

Das Lesen und Vorlesen der Göttlichen Komödie *von Dante Alighieri ist ein sehr beliebter Zeitvertreib zu Galileo Galileis Zeiten. Man liest sie in den Häusern, in den Kirchen und auf den öffentlichen Plätzen. Dantes Verse lassen vor den Augen der Leser oder Zuhörer Bilder der Hölle, von schrecklichen Teufeln und grausamen Foltermethoden entstehen.*
In vielen Kirchen gibt es Bilder der Hölle, auf denen Satan, der oberste Dämon, abgebildet ist. Teufel sind für Galileis Zeitgenossen reale Wesen, die man mit ernsthaften wissenschaftlichen Methoden erforschen will.

4. DIE AUSMASSE DES TEUFELS

Mein Studium an der Universität hat so gut angefangen. Doch dann läuft alles schief.

Mein Antrag auf ein Stipendium wird abgelehnt und ich muss Pisa ohne Studienabschluss verlassen. Nun schlage ich mich mehr schlecht als recht in Florenz und Siena durch. Ich gebe Söhnen reicher Adelsfamilien Mathematikunterricht.
Ich lebe im überfüllten Haus meiner Eltern, die sich nicht gerade über meine Anwesenheit freuen. Ich würde gern nach Bologna gehen, wo ein Lehrstuhl für Mathematik frei ist.

Auf der Suche nach Fürsprechern reise ich nach Rom. Doch leider klappt es nicht. Ich werde noch lange ohne »richtige« Arbeit sein.

Ich konstruiere ein neues Gerät – eine hydrostatische Waage, die auf eine Idee von Archimedes zurückgeht, den größten Mathematiker der Antike.
Mit dieser Waage können Goldschmiede die verschiedenen Anteile von Gold und Silber bei einer Mischung (Legierung) messen.
Über diese Waage schreibe ich meine erste wissenschaftliche Abhandlung.

Daraufhin erhalte ich ein unerwartetes Angebot. Im Auftrag von Baccio Valori, Senator von Florenz und angesehener Präsident der Literarischen Akademie della Crusca, soll ich ausrechnen, wie groß Luzifer, der Teufel, ist.

Ich nehme diesen Auftrag sehr ernst und halte schließlich einen öffentlichen Vortrag über die Ergebnisse. Meine Berechnungen basieren auf der *Göttlichen Komödie* von Dante Alighieri.

Dank meiner Formeln kann ich berechnen, wie groß Luzifer ist und wie lang seine Arme sind. Und ich erkläre auch, wo die Hölle liegt, bezogen auf Rom und Florenz. Mein Vortrag findet großen Anklang.

Im Juli 1969 betritt der erste Mensch den Mond, der Astronaut Neil Armstrong.
Er nimmt viele Bodenproben und macht etliche Experimente. Eines davon ist ganz einfach: Armstrong lässt einen Hammer und eine Feder fallen und beweist, dass beide gleichzeitig den Boden berühren. Diese einfache Demonstration im luftleeren Raum wäre ganz nach Galileo Galileis Geschmack gewesen.

5. DIE SHOW AM SCHIEFEN TURM

Hurra! An der Universität von Pisa ist ein Lehrstuhl für Mathematik frei geworden. Ein Marchese und ein Kardinal geben mir ein Empfehlungsschreiben. Ich bekomme die Stelle! Viel Geld verdiene ich dort allerdings nicht, nur 60 Scudi im Jahr. Das reicht gerade mal für Unterkunft und Verpflegung, ist aber besser als nichts. Außerdem gelte ich nun allmählich als ernsthafter Wissenschaftler.

Ich nehme mein erstes Buch in Angriff. Es handelt von der Fallgeschwindigkeit von Gegenständen. Um meine Theorie zu beweisen, kommt mir eine geniale Idee.

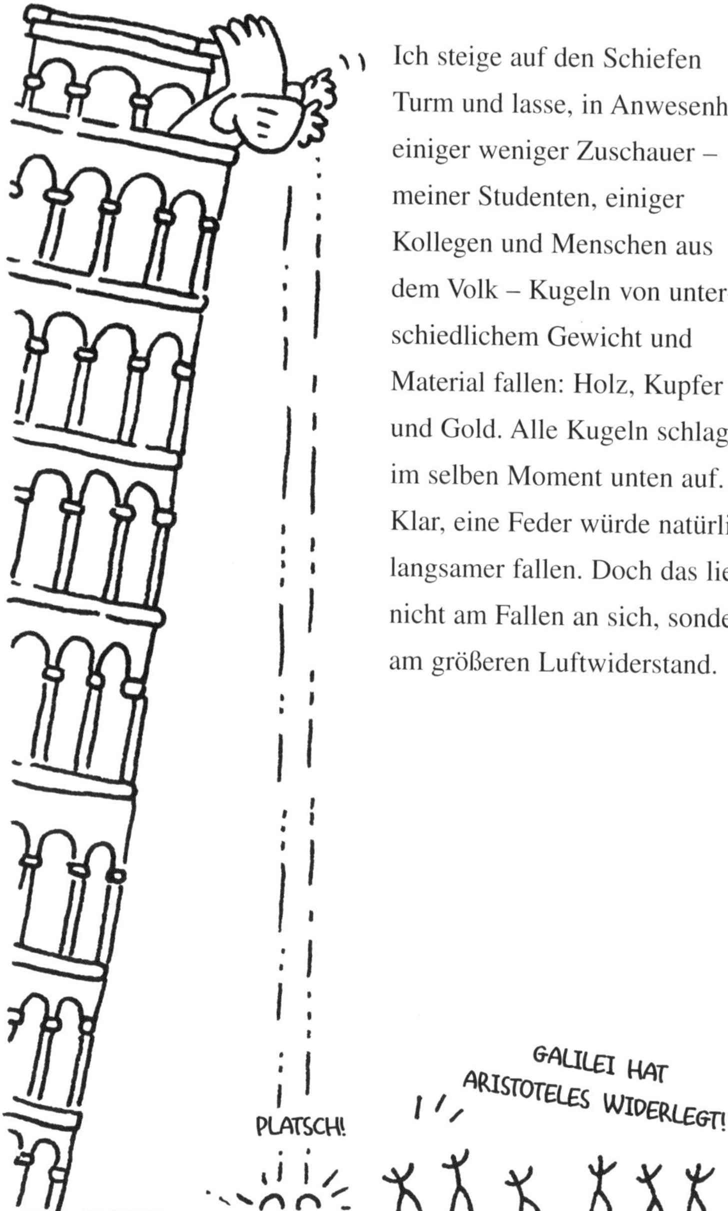

Ich steige auf den Schiefen Turm und lasse, in Anwesenheit einiger weniger Zuschauer – meiner Studenten, einiger Kollegen und Menschen aus dem Volk – Kugeln von unterschiedlichem Gewicht und Material fallen: Holz, Kupfer und Gold. Alle Kugeln schlagen im selben Moment unten auf. Klar, eine Feder würde natürlich langsamer fallen. Doch das liegt nicht am Fallen an sich, sondern am größeren Luftwiderstand.

Zu meiner Zeit ist ein solches Experiment allerdings sehr gefährlich, denn es widerspricht der Lehrmeinung von Aristoteles, einem Philosophen, der vor über 2.000 Jahren gelebt hat und auf dessen Lehren sich die Macht der Kirche von Rom gründet. Meine Kollegen sind sehr irritiert. Viele von ihnen begegnen mir nun mit Feindseligkeit. Deshalb verzichte ich darauf, mein geplantes Buch zu veröffentlichen. Ich verlasse Pisa, weil es hier zu viele Neider gibt, und gehe nach Padua, eine Stadt in der freien und unabhängigen Republik Venedig.

Als Galileo Galilei zu unterrichten beginnt, ist das wichtigste astronomische Observatorium der Welt jenes von Tycho Brahe auf der Insel Haven in Dänemark. Tycho Brahe ist davon überzeugt, dass die Erde zu »schwer und träge« ist, um sich im Raum zu bewegen. Doch ausgerechnet seine eigenen Beobachtungen werden das Gegenteil beweisen.

6. ANGENEHME JAHRE

Pisa und Pisaner – gehabt euch wohl! Jetzt lebe ich in Padua. Nach kürzester Zeit bin ich Professor für Mathematik und bekomme ein anständiges Gehalt. Ich finde viele neue Freunde. Ich wohne im Palazzo von Gian Vincenzio Pinelli, in der Nähe der großen Basilika des heiligen Antonius.
Meister Pinelli beherbergt Wissenschaftler und Künstler von Weltruhm. Darunter befindet sich auch der Dichter Torquato Tasso, der so berühmt ist wie bei euch ein Rockstar.
Unsere Abendessen enden übrigens oft mit Musik. Meister Pinelli spielt Leier, ich Laute.

Im Palazzo von Meister Pinelli wird offen geredet. Doch viele seiner Gäste finden ein böses Ende: Tommaso Campanella zum Beispiel landet im Kerker, Pater Giordano Bruno sogar auf dem Scheiterhaufen. Der Grund? Nun, sie haben Ansichten über die Natur und das Universum, die der Heiligen Schrift, also der Bibel, widersprechen. Das wird als Ketzerei bezeichnet. Giordano Bruno ließ sich nicht davon abbringen, zu behaupten, dass sich die Erde um die Sonne drehe und nicht umgekehrt. Meiner Meinung nach hat er Recht. Das hat auch schon Nikolaus Kopernikus behauptet, genau wie neuerdings der Deutsche Johannes Kepler. Allerdings lebt er nicht wie ich im katholischen Italien, sondern in einem protestantischen Land. Und dort gibt es keine Inquisition. Die Inquisition ist ein Kirchengericht, das Ketzerei verhindern soll.

Hier in Padua lebe ich nicht schlecht. Meine Studenten mögen mich. Mit Freunden und Kollegen besuche ich viele Feste und Feiern. Zu meinen Freunden gehört auch Fabricio Acquapendente, ein berühmter Anatom. Er hat mich schon von so mancher Krankheit und Verdauungsstörung geheilt.

Ich fahre oft nach Venedig. Dort habe ich einen teuren Freund namens Francesco Sagredo. Er wohnt in einem großen Haus, das alle Welt »Arche Noah« nennt, weil er so viele Tiere beherbergt: Hunde, Katzen, Papageien, Affen und weitere exotische Geschöpfe.

Zu Galileo Galileis Zeiten sind Rechengeräte sehr begehrt, besonders für militärische Zwecke. Galilei erfindet den vielseitig einsetzbaren geometrischen und militärischen Zirkel (»Proportionszirkel«): Er sieht wie ein flacher Zirkel aus, auf dessen Schenkeln sich etliche Linien und Zahlen befinden. Damit kann man die Flugbahn von Geschossen, die Dichte von Metallen und noch viele andere Dinge berechnen.

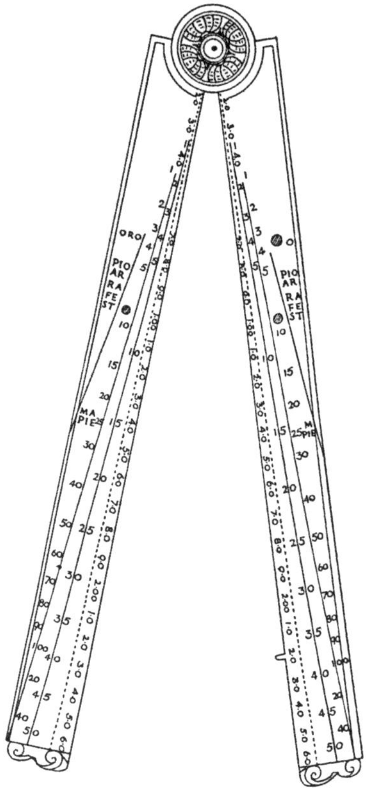

7. WILLKOMMEN IN MEINEM HEIM

Herzlich willkommen! Mein Haus in der Nähe der Basilika des heiligen Antonius ist zwar kein Palast wie jener von Meister Pinelli, doch es ist schön und gemütlich. Es hat drei Stockwerke, eine große feinmechanische Werkstatt im Erdgeschoss, einige Gästezimmer und Räume für meine Privatstudenten. Ich habe Dienstpersonal und lade oft Gäste ein, mit denen ich im Garten zu Abend speise.

Ich kann mich wirklich nicht beklagen. Meinen neuen Wohlstand verdanke ich einer meiner Erfindungen: dem geometrischen und militärischen Zirkel.

Mein Professorengehalt wird verdoppelt und ich kann es mit weiteren gut bezahlten Arbeiten aufbessern. So entwerfe ich zum Beispiel militärische Befestigungsanlagen für meinen Freund, den General Dal Monte. Und für einen seiner Kollegen habe ich eine neue Art von Öllampe entwickelt.

Außerdem habe ich ein System patentieren lassen, mit dem man Wasser aus sehr tiefen Brunnen schöpfen kann. Es funktioniert wie ein Pendel und man kann damit trockene Böden bewässern.

Meinen guten Ruf und mein Vermögen verdanke ich vor allem dem geometrischen und militärischen Zirkel.

Er ist zu meiner Zeit eine Art Computer. Mein Angestellter, ein tüchtiger Handwerker namens Marcantonio Mazzoleni, produziert in meiner Werkstatt dutzende dieser Zirkel aus Bronze. Ich verkaufe sie für fünfzig Lire pro Stück. Und ich halte Kurse, wie man sie anwendet. Wichtigen Persönlichkeiten wie dem Erzherzog Ferdinand von Österreich schenke ich ein Exemplar aus Silber.

Mein Zirkel ist ein solcher Erfolg, dass er von anderen nachgebaut wird. Ich muss vor Gericht gehen, um meine Rechte zu verteidigen.

Dies ist ein Bild von Johannes Kepler (1571-1630), einem deutschen Kollegen Galileo Galileis. Kepler ist von der kopernikanischen Theorie überzeugt, die besagt, dass sich die Erde um die Sonne dreht. Er schickt Galilei eines seiner Bücher mit Beweisen für diese Ansicht. Galilei stimmt ihm zwar zu, lässt sich aber vorläufig noch nicht zu unbedachten Äußerungen hinreißen. Zu diesem Zeitpunkt ahnt er noch nicht, dass sein Hauptinteresse bald der Astronomie gelten wird.

8. DIE STERNE NÄHERN SICH

Im Alten Testament steht, dass Himmel und Erde am Anfang aller Zeiten in ihrem jetzigen Zustand erschaffen wurden. Doch seit einiger Zeit sieht man merkwürdige Dinge am Himmel.
Ein riesiger Stern taucht auf und verschwindet wieder. Kurz darauf ein Komet, und Kometen künden stets Plagen und anderes Unheil an. Wenig später ist zwischen Mars und Jupiter ein unerklärlicher roter Fleck zu sehen.
Man fragt mich, was das bedeuten könne, woraufhin ich einige sehr gut besuchte Vorträge über Astronomie halte. Seit einiger Zeit beobachte ich den Himmel mit größerer Aufmerksamkeit, natürlich mit bloßem Auge.

Ich gelange immer mehr zu der Überzeugung, dass die Erde keineswegs im Mittelpunkt des Universums stehen kann und dass Nikolaus Kopernikus und Johannes Kepler Recht haben. In der Öffentlichkeit sage ich davon jedoch nichts.

Die Stimmung wird immer düsterer. Die Inquisition verfolgt voller Eifer all jene, die sich nicht an die Lehren der katholischen Kirche halten, auch außerhalb der Grenzen des Kirchenstaats. Pater Paolo Sarpi, ein alter Freund von mir, wird in Venedig von bezahlten Mördern des Vatikans, des katholischen Kirchenstaats in Rom, erdolcht.

Ich bin gerade in Venedig, als ich die große Neuigkeit erfahre: In Holland sollen Glasschleifer ein Rohr gebaut haben, mit dem man weit entfernte Dinge gut sehen kann.
Davon hatte mein alter Freund Paolo Sarpi schon gewusst.
Ich erfahre auch, dass ein Holländer dieses phantastische Instrument der Republik Venedig zum Kauf angeboten hat.
Ich will auch eines haben. Egal, um welchen Preis und möglichst noch vor allen anderen!

Vergrößerungsgläser gibt es schon länger. Die ersten Augengläser (für Weitsichtige) erfanden die Araber im elften Jahrhundert. Gläser für Kurzsichtige gibt es noch nicht so lange. Allerdings wäre niemand auf die Idee gekommen, dass man nur zwei schwach vergrößernde Gläser kombinieren muss, um ein stark vergrößerndes System zu erhalten: das Fernrohr!

9. ES GIBT PROBLEME

Wenn es ein Holländer geschafft hat, dann werde ich es auch schaffen! In meinem Labor habe ich massenhaft Linsen mit verschiedenen Wölbungen. Ich baue sie auf unterschiedliche Arten in ein Bleirohr und siehe da … nach zahlreichen Versuchen kann ich endlich alles aus der Nähe sehen! Mein erstes Fernrohr ist fertig!

In den darauf folgenden Tagen nehme ich weitere Verbesserungen vor. Ich überziehe mein Fernrohr mit Leder. Dann fahre ich wieder nach Venedig, wo ich beim Dogen, dem Staatschef der Republik Venedig, und beim versammelten Großen Rat vorspreche.

Alles, was in Venedig Rang und Namen hat, kommt zu meiner Vorführung. Vor allem die Kommandanten der Flotte zeigen großes Interesse.

Sie steigen mit mir auf den Glockenturm von San Marco. Von dort aus richten sie mein Gerät aufs Meer und entdecken weit entfernte Schiffe. Dann auf die Dächer von Padua, das an die vierzig Kilometer entfernt ist. Dann auf die Menschenmenge, die gerade die Kirche in Murano verlässt. Mit bloßem Auge wäre all das kaum oder gar nicht sichtbar.

Allen ist klar, welche militärischen Vorteile ihnen mein Gerät verschafft. Für mich ist das ein großer Erfolg. Und der Beginn eines großartigen Abenteuers.

Ich verliere keine Zeit. Ich eile in mein Labor in Padua zurück und mache mich mit großem Eifer an die Herstellung von Fernrohren. Ich habe schon viele Aufträge, aber sicher wird die Konkurrenz nicht lange ausbleiben. Ich muss mich beeilen.

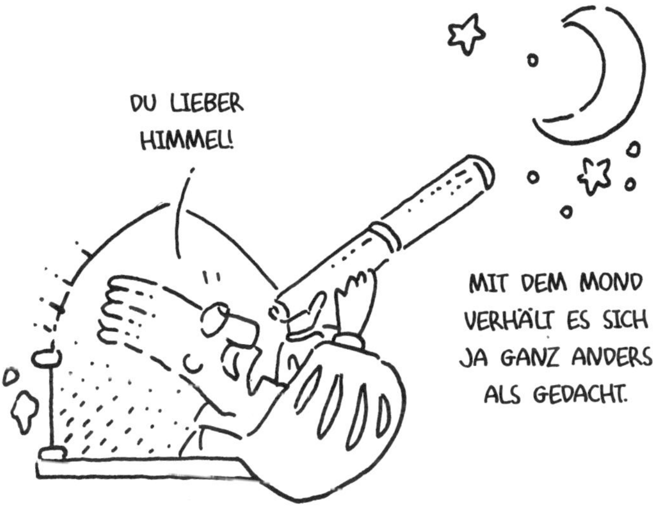

Ich bestelle neue Linsen und teste sie sofort. Auf diese Weise gelingt es mir, immer bessere Fernrohre herzustellen. Dann, in einer klaren Herbstnacht, betrachte ich den Himmel von einem Zimmer im obersten Stockwerk meines Hauses aus. Ich studiere den Mond durch das Fernglas. Diese Nacht wird für immer in die Geschichte eingehen.

Der Mond ist ganz anders, als die Menschen immer dachten.

Mit dem Fernrohr beobachtet Galileo Galilei den Mond ganz genau und zeichnet alles auf: riesige Krater und gewaltige Vertiefungen, die wie Meere aussehen.
Er stellt auch fest, dass das vorrückende Licht der Sonne Schatten von Bergen auf die Mondoberfläche wirft, die höher sein müssen als jene auf der Erde – bis zu 7.000 Metern.

10. DIE MONDBERGE

Der Mond ist ganz anders, als die Menschen ihn bisher beschrieben haben. Er ist ebenso uneben wie die Erde. Ob er wohl bewohnt ist? Diese Frage bringt mich in große Verlegenheit, mehr noch – sie ist geradezu gefährlich. Doch wohin ich mein Fernrohr am Himmel auch richte, überall entdecke ich Dinge, die noch nie ein Mensch gesehen oder auch nur geahnt hat. Die Milchstraße besteht aus Millionen von Sternen. Doch am meisten überraschen mich die Planeten. Saturn ist von etwas umgeben, etwas Merkwürdigem. Und Jupiter . . .

Ich fasse all meine Beobachtungen zu einem Buch zusammen, das ich in Venedig drucken lasse. Es heißt *Sidereus Nuncius*. Das bedeutet so viel wie »Der Sternenbote«. Ich widme es dem Herrscher des Landes, in dem ich geboren wurde, dem Erzherzog Cosimo de' Medici. Und die Jupitermonde, die ich entdeckt habe, nenne ich ihm und seiner Familie zu Ehren »Mediceische Sterne«.

Dem Herzog von Bayern und dem Herzog von Urbino, dem Kurfürsten von Köln und dem Kardinal Francesco Dal Monte, der inzwischen in Rom lebt, schenke ich jeweils ein Fernrohr. Mir liegt daran, Freunde in mächtigen Positionen zu haben.

Ein Dichter vergleicht mich mit Christoph Kolumbus, dem Entdecker Amerikas, und mit Ferdinand Magellan, der als Erster die Erde umsegelt hat. Etliche Musikanten schreiben überschwängliche Loblieder über mich und meine Entdeckungen im Weltraum.
Mein Stern geht auf, aber andererseits muss ich sehr vorsichtig sein. In Rom beginnt man über mich zu reden.

Galileo Galilei und seine Mitarbeiter bauen immer mehr und immer stärkere Fernrohre. Sie vergrößern um das Dreißig-, Fünfzig-, ja, Hundertfache. Schließlich sogar um das Vierhundertfache. Natürlich sind diese Fernrohre heiß begehrt.
Diese beiden von Galilei entworfenen Fernrohre sind heute im Museum für Geschichte der Naturwissenschaften in Florenz zu sehen.

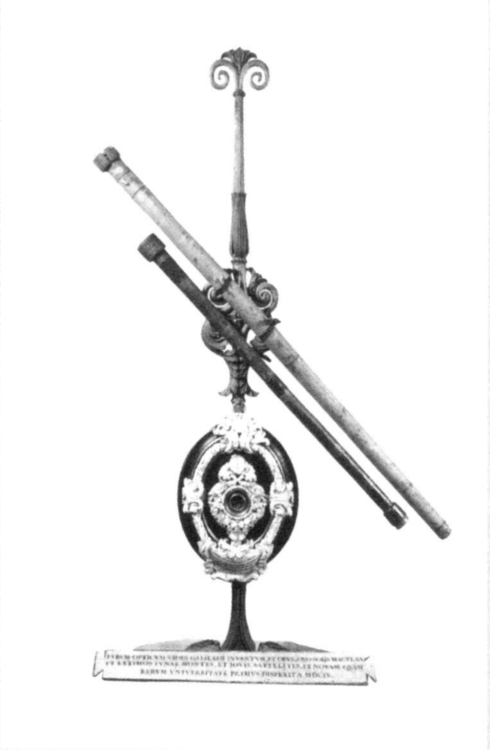

11. Es riecht nach Scheiterhaufen

Nun lebe ich wieder in Florenz, am Hof des Erzherzogs der Toskana. Es ist einer der prunkvollsten Höfe Europas. Ich werde mit allen Ehren behandelt und beziehe ein gutes Gehalt als Hofmathematiker. Und ich kann mich in aller Ruhe meinen Forschungen und Büchern widmen.

Ich kann mich auch um meine große Familie kümmern. Insbesondere um meinen Bruder, der Musiker ist und das Geld zum Fenster hinauswirft, und um zwei meiner Schwestern, die mit knauserigen, eingebildeten Edelmännern verheiratet sind. Ich selbst habe inzwischen mit der schönen Marina, mit der ich allerdings nicht verheiratet bin, zwei Töchter und einen Sohn.

Ich reise nach Rom, beladen mit Fernrohren, die ich dem Papst, dem Oberhaupt der katholischen Kirche, und den höchsten Kardinälen schenke.

Der erste Berater des Papstes Paul V. ist der Kardinal Roberto Bellarmin, der als Inquisitor Giordano Bruno zum Tod auf dem Scheiterhaufen verurteilt hat. Alles scheint bestens zu laufen: Bellarmin gefällt mein Teleskop. Und Pater Clavius, ein erfahrener Astronom, macht keine großen Einwände, obwohl er stur behauptet, auf dem Mond gäbe es keine Berge. Für ihn ist der Mond auch weiterhin so glatt und eben, wie es in den alten Büchern geschrieben steht.

Er ist nicht der Einzige, der bestreitet, was man durch das Teleskop sehen kann. Einer meiner Gegner, ein gewisser Cremonini, behauptet, ihm würde von dem Fernrohr schwindelig und ich führe sowieso nur Tricks vor.

Ich mache mir allerdings keine großen Sorgen. Ich werde in die Akademie der Luchsäugigen aufgenommen, eine Art Klub der unabhängigsten Denker der Stadt. Ihnen zeige ich mit meinem Fernrohr den Himmel über den Dächern von Rom.

Genau wie der Mond und die Planeten wird zu Galileo Galileis Zeiten auch die Sonne als glatte, perfekte Kugel angesehen. Galilei beweist das Gegenteil. Seine Beobachtungen werden nach und nach von allen führenden Astronomen Europas bestätigt. Diese Abbildung der Sonne, übersät mit dunklen Sonnenflecken, stammt von dem Jesuitenpater Scheiner. Im Jahre 1633 wird sie in Deutschland veröffentlicht, genau in jenem Jahr, in dem Galilei seine härteste Schlacht kämpfen muss.

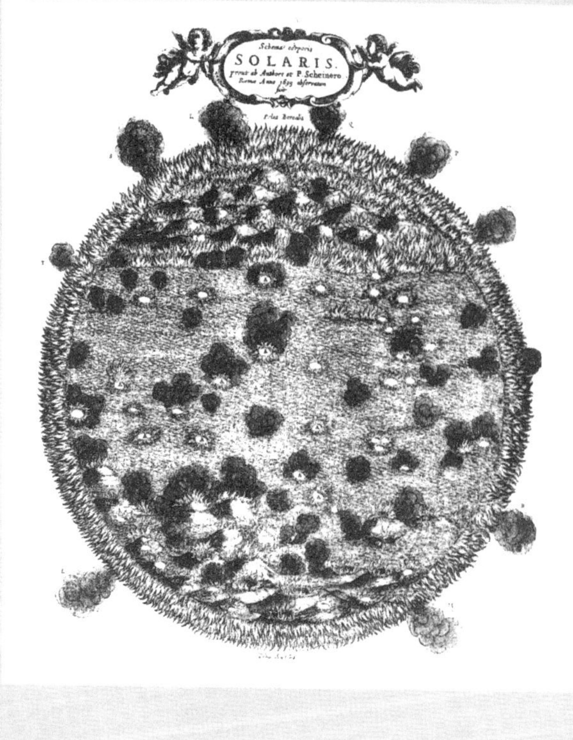

12. DIE KONFRONTATION RÜCKT NÄHER

Mein Ruhm wächst. Doch ich muss feststellen, dass mit dem Erfolg auch die Zahl der Neider steigt.

Aus diesem Grund werde ich in Florenz in einen sehr »irdischen« Wettstreit verwickelt. Einer meiner Gegner will beweisen, dass es nur von der Form eines Körpers abhängt, ob er im Wasser schwimmt oder untergeht. Ich hingegen glaube, dass es von seiner Dichte abhängt, dem Verhältnis der Masse eines Körpers zu seinem Volumen. Wir treffen uns zu einem gemeinsamen Experiment. Zum Glück ist es kalt genug, so dass ich das Experiment mit Eisblöcken durchführen kann. Ich will beweisen, dass ein Stück Eis, das weniger Dichte hat als Wasser, sich immer über Wasser hält, egal, welche Form es hat.

Meine Vorführung hat Erfolg, mein Gegner ist blamiert … und ich habe einen Feind mehr.

In Florenz habe ich einen treuen Freund und Anhänger, den jungen Filippo Salviati. Er ist ein sympathischer Edelmann, der ausgezeichnet fechten und reiten kann. Zusammen lesen wir mundartliche Gedichte und trinken köstlichen Chianti-Wein. Von seinem Haus aus beobachten wir nachts die Sterne, tagsüber die Sonne. Natürlich nicht direkt, da würde man erblinden, sondern mit Hilfe einer Leinwand. Auf diese Weise können wir die Bewegung der Sonnenflecken beobachten.

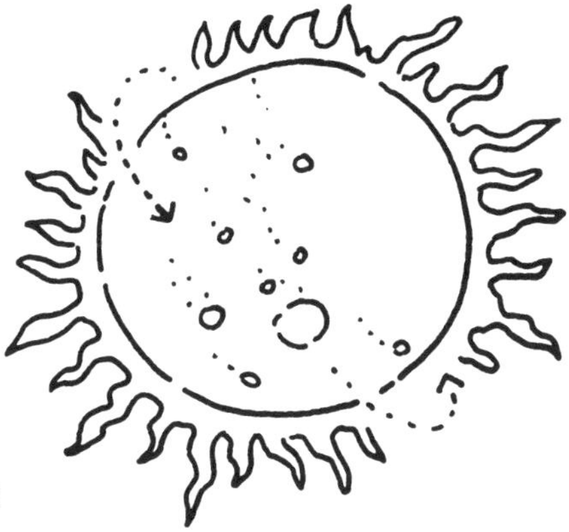

Wir stellen
fest, dass sich diese
Flecken bewegen, und
zwar schräg. Sie verschwinden und tauchen
wieder auf. Das bedeutet,
dass sich die Sonne um sich
selbst dreht, genau wie die Erde.

Ich beobachte auch die Venus,
den »Abendstern«. Dank meines
Fernrohrs stelle
ich fest, dass sich
die Venus der
Erde mal nähert,
dann wieder entfernt. Und dass
sie wie der Mond
»Phasen« hat.

Auf diesem Gemälde ist eine Sitzung des Konzils von Trient abgebildet, das von 1545 bis 1563 dauerte. In zahlreichen Versammlungen wurden die Grundlagen der katholischen Lehre und der katholischen Kirche ganz genau festgelegt, um den Reformen und dem ketzerischen »Unsinn« der letzten Jahrzehnte entgegenzutreten. Dieses Konzil bildete den Anfang der so genannten Gegenreformation.
Galileo Galileis Beobachtungen belegen, dass Nikolaus Kopernikus Recht hatte und die Erde sich bewegt. Diese Aussage steht im klaren Widerspruch zu den »unantastbaren« Glaubenslehren des Tridentiner Konzils.

13. OFFENER KRIEG

»Die Sonne blieb stehen über Gibeon.« So steht es im Alten Testament geschrieben. Und im Evangelium steht: »Männer von Galiläa, warum betrachtet ihr den Himmel?«

Mit derlei Aussagen konfrontieren mich Geistliche, die von meinen neidischen Gegnern aufgehetzt wurden.

Im Klartext: Sie fordern mich auf nicht länger der Heiligen Schrift zu widersprechen. Vielleicht wollen sie mich aber auch nur provozieren und in eine äußerst gefährliche theologische Streiterei hineinziehen.

Doch ich bleibe dabei:

Was in der Bibel steht, ist die eine Sache. Was ich am Himmel beobachten kann, eine andere.

Die katholische Kirche hat zu meiner Zeit noch viel mehr Macht als später. Zum Kirchenstaat gehören sehr viele Regionen Italiens. Außerdem hat der Papst das Vorrecht, Kaiser, Könige und Erzherzöge zu krönen. So bestimmt er über das Schicksal von König- und Kaiserreichen. In Deutschland, England und Frankreich hat der Papst in den letzten Jahren allerdings viel von seinem Einfluss verloren.

Aus Angst, dass ihre Macht durch die Reformation noch weiter schrumpft, holt die katholische Kirche nach dem Konzil von Trient zu einem Gegenschlag aus. Alles, was ihren Lehren widerspricht, ist Ketzerei, verboten und wird streng verfolgt.

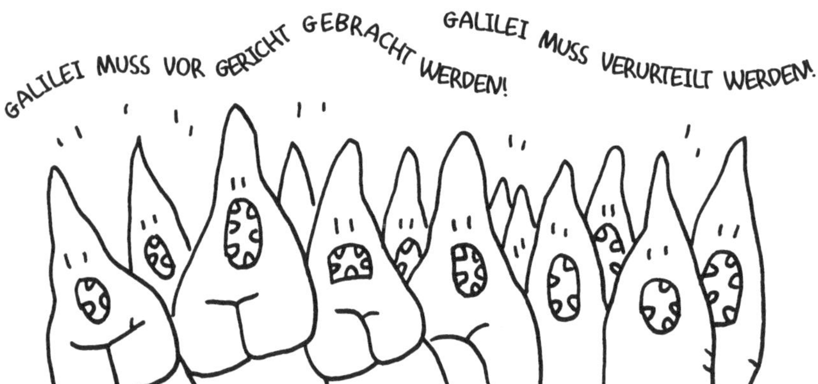

Alle Bücher, die der katholischen Lehre widersprechen, werden verboten. Sie kommen auf den Index und werden verbrannt, zum Teil auch ihre Verfasser. Wer also der Ketzerei beschuldigt wird, hat nichts zu lachen.

Es werden immer mehr Stimmen laut, die mich vor das höchste und gefürchtetste weltliche Gericht bringen wollen, welches darüber befindet, was ketzerisch ist und was nicht: die Inquisition.

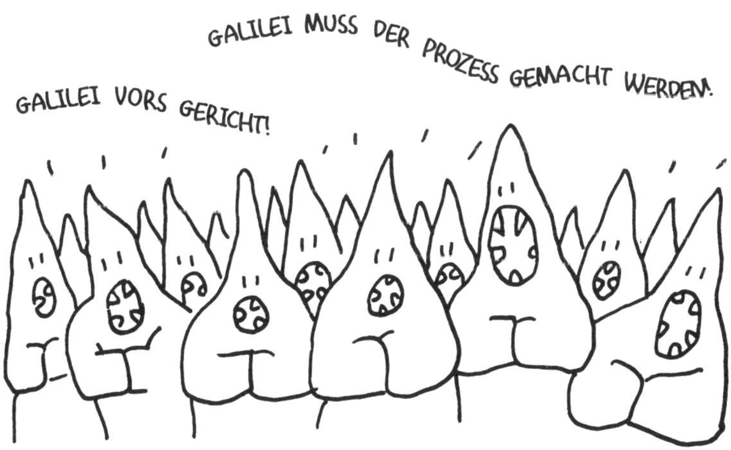

Johannes Calvin (1509-1564) rief eine neue religiöse Bewegung ins Leben. Er wollte die katholische Kirche reformieren, doch sein Versuch endete mit der Gründung einer der größten protestantischen Glaubensgemeinschaften. Er war Franzose, flüchtete zuerst nach Basel, dann nach Genf, wo er eine politisch-religiöse Gemeinschaft gründete, die sich zuerst in Europa, später in den englischen Kolonien Amerikas verbreitete.
Er galt als Ketzer, genau wie Galilei, aber aus ganz anderen Gründen.

14. DIE STERNE FALLEN MIR AUF DEN KOPF

Ich bin erneut in Rom. Hier bewohne ich zwei Stockwerke der schönen Villa Medici und habe sogar Dienstboten.

Ich wurde von der Inquisition vorgeladen. Ich versuche das Verhör hinauszuzögern, doch irgendwann geht es nicht länger. Ich betrachte mich als Vertreter aller Naturwissenschaftler. Zu sagen, dass sich die Erde um die Sonne dreht und nicht umgekehrt, kann der katholischen Kirche doch eigentlich nicht schaden, oder?

Kardinal Bellarmin ist inzwischen einer meiner erbittertsten Gegner. Damals, als er die Sterne durch mein Fernrohr betrachtet hat, schien er noch begeistert. Doch inzwischen hat er seine Meinung geändert.

Gegen mich werden mittlerweile alle möglichen Anschuldigungen erhoben.

Papst Paul V. hat elf Theologen bestimmt, die meinen Fall untersuchen sollen.

Am 26. Februar 1616 teilt Kardinal Bellarmin mir das Urteil dieser Kommission mit. Die kopernikanische Theorie gilt definitiv als ketzerisch.

Titelseite von Galileo Galileis Buch Il Saggiatore *(»Der Prüfer mit der Goldwaage«), das er nach der ersten, milden Ermahnung der Inquisition geschrieben hat. Darauf sind der Luchs, das Wappentier der Akademie der Luchsäugigen, und zwei überkreuzte Fernrohre abgebildet. Oben in der Mitte befindet sich das Wappen des Papstes, dessen Gunst Galilei nicht verlieren will. Das Buch wird 1623 in Rom gedruckt, während in ganz Europa pflichtbewusste Inquisitoren dabei sind, alle Bücher zu beschlagnahmen, in denen steht, dass sich die Erde um die Sonne dreht.*

15. ICH SCHREIBE UND ERFINDE WEITER

Nun bin ich in Bellosguardo, einem kleinen Dorf auf einem Hügel bei Florenz. Von meiner Haustür aus kann ich den Arno sehen, der durch die Stadt fließt. Nachts studiere ich mit dem Fernrohr weiterhin den Himmel. Aber mir ist nicht wohl dabei. Soll ich wirklich darüber schweigen, dass sich die Sonne um ihre eigene Achse dreht und die Erde um sie kreist?

Über Jupiter darf ich weiterhin reden. Ich habe sogar ein »Jupilabium« gebaut, mit dem ich die Bewegungen seiner Monde vorausberechnen kann. Ich habe auch einen sonderbaren Helm erfunden, mit dem ein Seefahrer den Himmel beobachten kann, ohne seine Hände vom Steuerruder zu nehmen. Das ist besonders während einer Schlacht sehr wichtig. In der Tat wird dieser Helm sofort als »Geheimwaffe« klassifiziert.

In Europa stehen alle Zeichen auf Krieg. In Prag haben adlige Protestanten die vom Papst gesandten Würdenträger der katholischen Kirche aus dem Fenster geworfen. Natürlich weiß ich es damals noch nicht, aber das ist der Ausgangspunkt des Dreißigjährigen Kriegs.

Es wird einer der grausamsten Religionskriege in der Geschichte werden. Und auch dort, wo kein Krieg herrscht, ist das Leben in jenen Jahren wegen der schlimmen Kälte und der Hungersnot sehr hart.

Besonders im Winter ist der Hunger groß. Meine beiden Töchter, die als Nonnen in einem Kloster unweit meines Hauses leben, sind vor Freude über ein altes Huhn ganz aus dem Häuschen.

Am Himmel ist wieder einmal ein Komet aufgetaucht. Ich beschäftige mich nach wie vor viel mit den Sternen, während die Stimmung in ganz Europa immer düsterer wird, auch in den protestantischen Ländern.
Die Mutter meines Kollegen Johannes Kepler wurde der Hexerei bezichtigt. Fast wäre sie auf dem Scheiterhaufen gelandet.

Eines der Mikroskope von Galileo Galilei. Es ist natürlich sehr primitiv, verglichen mit den hoch entwickelten Nachfolgemodellen. Und doch konnte man damit schon vieles sehen.

Genau wie auch das Fernrohr gilt das Mikroskop anfangs als Spielzeug für die Adligen und Neugierigen. Noch kann sich niemand vorstellen, dass man dank des Mikroskops die winzigen Mikroorganismen entdecken wird, die Ursache vieler Krankheiten sind.

16. DIE PEST!

Ich habe das Mikroskop erfunden. Na ja, nicht direkt erfunden, denn eigentlich wurde auch dieses Gerät ursprünglich in Holland gebaut. Ich benutze es nur, um die Leute zu beeindrucken. Ich zeige ihnen stark vergrößerte Fliegen und Käfer und natürlich auch Flöhe, von denen es in den Häusern mehr als genug gibt. Ich zeige ihnen auch stark vergrößerte Bienen – Tierchen, die der neue Papst sehr liebt, weil sie in seinem Familienwappen vorkommen. Ich habe ihn auch schon persönlich getroffen. Er scheint mich zu mögen.

Dabei ist Papst Urban VIII. alles andere als ein gutmütiger Mensch. Wer in der Kirche Tabak kaut, wird mit dem Kirchenbann belegt; er will die vatikanische Bibliothek in ein Waffenlager umwandeln, baut überall Festungen und startet einen großen bewaffneten Gegenangriff gegen die protestantischen Länder.

Zum Glück habe ich seine Erlaubnis für das neue Buch, das ich gerade schreibe. Es wird heißen: *Dialog über die wichtigsten Weltsysteme.* Eine der drei Hauptfiguren, die sich miteinander unterhalten, ist Simplicio, der glaubt, dass sich die Sonne um die Erde dreht, und so natürlich eine klägliche Figur abgibt.

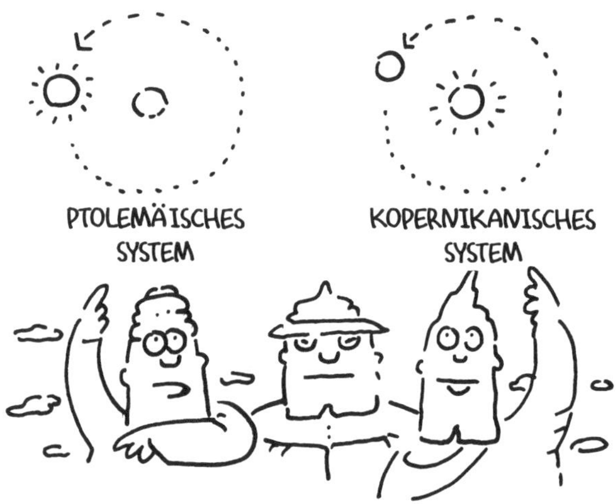

Doch als das Werk gedruckt ist, erkennt sich Papst Urban VIII. leider in der Figur des Simplicio wieder. Für mich bedeutet das Ärger.

Wieder ist in Italien die Pest ausgebrochen, diesmal die schlimmste Epidemie des ganzen Jahrhunderts. Wenn die Ärzte auf Krankenbesuch gehen, tragen sie einen langen Wachstuchkittel und sonderbare, bebrillte Masken.
Ich bin wieder in Florenz, doch die Inquisition bestellt mich erneut nach Rom. Mir bleibt keine andere Wahl, ich muss nach Rom reisen. Ich werde in einer Sänfte getragen, während um mich herum Leichen und harzige Substanzen verbrannt werden. Dies soll die Ansteckungsgefahr verringern.

Die Folter war – so unglaublich es heute klingt – zu Galileo Galileis Zeiten in Straf- und Inquisitionsprozessen üblich. Wenn jemand nur lange genug gefoltert wird, gibt er aus Angst vor weiteren Schmerzen so gut wie alles zu, nur damit die Richter zufrieden sind. Dass so auch völlig unschuldige Menschen die schlimmsten Straftaten gestanden, störte die Inquisitoren nicht groß.

17. IN GROSSEN SCHWIERIGKEITEN

Es besteht kein Zweifel mehr: Die Inquisition, die rückständigen Gelehrten und selbst der Papst sind gegen mich.

Diesmal macht die Inquisition Ernst.

Ich werde tagelang verhört, Stunde um Stunde.

Sie machen mir klar, dass mir schlimme Folterqualen und vielleicht sogar die Höchststrafe drohen.

Ich verteidige mich nach besten Kräften, vom 12. April bis zum 22. Juni 1633.

Dann sprechen meine Richter ihr Urteil. Mein Werk *Dialog über die wichtigsten Weltsysteme* kommt auf den Index der verbotenen Bücher. Doch welches Schicksal wird mir selbst blühen? Ich weiß, es ist nicht richtig, aber ich schwöre ab …

Die Treue und Zuneigung seiner Schüler und Mitarbeiter sind für Galileo Galilei während seiner letzten Lebensjahre ein großer Trost. Besonders nahe stehen ihm Vincenzo Viviani und Evangelista Torricelli der durch die Erfindung des Barometers berühmt werden wird.

18. ICH HABE EINE SCHLACHT VERLOREN, NICHT DEN KRIEG

Ich fühle mich gedemütigt, bin traurig und deprimiert. Zu meiner Zeit nennt man das »melancholisch«. Na ja . . . Ich bin zu lebenslänglichem Hausarrest verurteilt worden.

Zuerst werde ich nach Siena verbannt, doch dann wird mir erlaubt nach Hause zurückzukehren, in meine Villa in Arcetri bei Florenz. Doch ich darf sie ohne die Erlaubnis des örtlichen Inquisitors nicht verlassen und Gäste nur in seiner Anwesenheit empfangen.

Meine Freunde sind ebenfalls in Ungnade gefallen. In allen Schulen und Universitäten ist es verboten, meine Meinung zu vertreten. Allerdings werde ich an sehr viele ausländische Höfe eingeladen, besonders an die holländischen.

Meine Bücher werden in ganz Europa veröffentlicht, aber natürlich nur in den Ländern, die nicht der katholischen Kirche unterstehen.

Ich bin erblindet, doch meine Forschungen und Streitgespräche machen mir noch immer Spaß. Mein letztes Buch, *Unterredung und mathematische Demonstrationen über zwei neue Wissenszweige, die Mechanik und die Fallgesetze betreffend,* wird auf Anhieb ein großer Erfolg. Ich weiß, dass ich Recht habe. Die Sterne haben mir längst Recht gegeben.

Galileo Galilei verlässt unseren Planeten am 8. Januar 1642. Sein kämpferischer Geist reist hinauf zu den Sternen, die er mit so viel Begeisterung und Neugier studiert hatte. Er verstirbt in seiner Villa in Arcetri, auf einem Hügel, auf dem sehr viele Jahre später ein modernes astronomisches Observatorium gebaut werden wird.
Erst drei Jahrhunderte später, im Jahre 1968, wird sein Fall auf Anregung von Papst Paul VI. neu aufgerollt werden.

Und im Jahr 1992, während der Amtszeit von Papst Johannes Paul II., hat die Päpstliche Akademie der Wissenschaften den Fall Galilei als »einen Irrtum« bezeichnet »den wir in aller Offenheit eingestehen«. Im selben Jahr verlässt eine Raumsonde der NASA mit dem Namen Galileo *die Erde in Richtung der Jupitermonde und verschwindet für immer in den Tiefen des Weltraums. Galilei hat seinen ersten Krieg der Sterne zwar definitiv verloren. Doch er war nur der Beginn eines gewaltigen Abenteuers.*

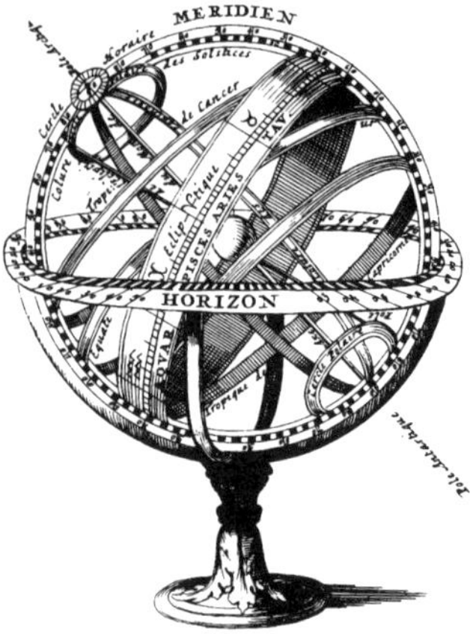
MERIDIEN
HORIZON

KLEINES WÖRTERBUCH

AKADEMIE DER LUCHSÄUGIGEN

Angesehene wissenschaftliche Akademie in Rom, gegründet im Jahre 1603 von einigen wissenschaftsbegeisterten Adeligen. Ihr Wappen zeigte einen Luchs, ein Tier, das bekanntlich sehr scharf sehen kann. Die Mitglieder dieser Akademie waren stets auf Galileo Galileis Seite.

ARCETRI

Ortschaft in der Nähe von Florenz, wo Galileo Galilei seine letzten Lebensjahre verbrachte. Im 19. Jahrhundert wurde auf einem Hügel bei Arcetri eines der ersten modernen astronomischen Observatorien gebaut.

ARISTOTELES

Philosoph des alten Griechenlands, der im vierten Jahrhundert vor unserer Zeitrechnung gelebt hat. Für ihn galt nur das als bewiesen, was auf den ersten Blick wahr schien.

ARISTOTELIKER

Anhänger von Aristoteles. Zu ihnen gehörten auch die erbittertsten Gegner Galileo Galileis. Sie lehnten es ab, mit wissenschaftlichen Geräten zu arbeiten und Dinge zu beweisen, die nicht auf Anhieb »wahr« schienen.

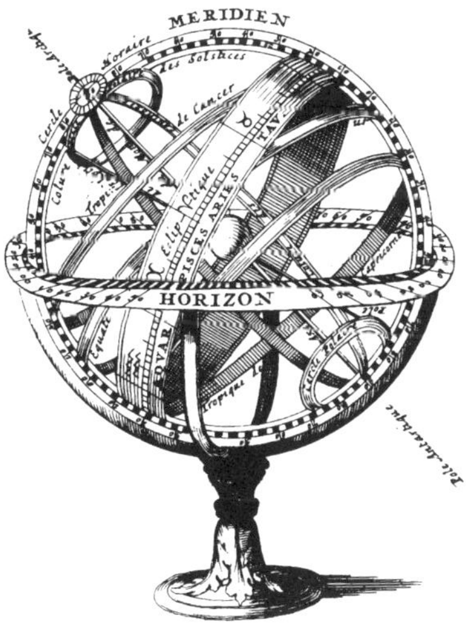

ARMILLARSPHÄRE

Astronomisches Gerät zur Darstellung der Haupthimmelskreise des ptolemäischen Weltbilds. Sie besteht aus mehreren zum Teil beweglichen Ringen, in deren Mittelpunkt die Erde steht.

ARSENAL

Werft zum Bau von Schiffen oder Kriegsmaterialien. Galileo Galilei arbeitete für die Arsenale von Venedig und von Pisa.

ASTROLABIUM

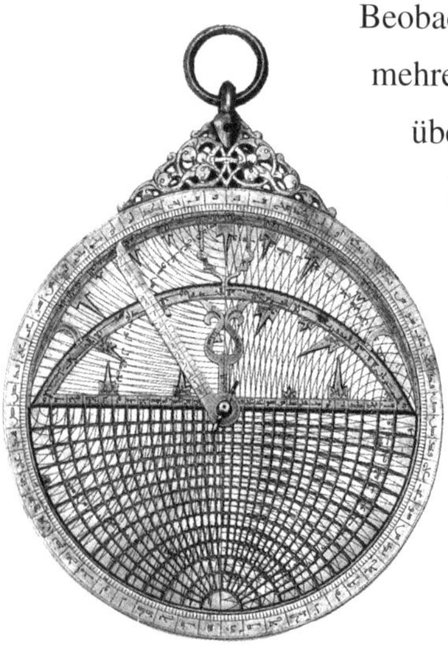

Beobachtungsgerät, bestehend aus mehreren unterschiedlich großen, übereinander liegenden Scheiben. Dieses Gerät wurde schon von den Astronomen vor Galileo Galileis Zeit verwendet. Damit konnten sie für jeden beliebigen Tag ausrechnen, wann ein Himmelskörper auf- oder untergeht.

ASTROLOGIE

Lehre, die sich mit den Gestirnen und ihrem Einfluss auf die Menschen beschäftigt. Galileo Galileis Entdeckungen trugen entscheidend dazu bei, sie von der Astronomie abzutrennen.

ATOME

Galileo Galilei erwähnt sie in seinem Buch *Il Saggiatore* (dt.: Der Prüfer mit der Goldwaage) als Elementarteilchen, aus denen die Materie besteht. Auch die Sache mit den Atomen missfiel den Herren von der Inquisition.

BRAHE, TYCHO (1546–1601)

Dänischer Astronom. Dank seiner Beobachtungen konnte Johannes Kepler, einer seiner Schüler, die Gesetze über die Planetenbahnen formulieren. Einer der größten Mondkrater ist nach ihm benannt.

DANTE ALIGHIERI (1265–1321)

Verfasser der *Göttlichen Komödie,* einem grandiosen Meisterwerk des frühen 14. Jahrhunderts. Dieses Epos fasst die Kultur und die Ideale des Mittelalters zusammen.

DER SCHIEFE TURM VON PISA

Er wurde im Mittelalter erbaut und war schon zu Galileo Galileis Zeiten eine Sehenswürdigkeit.

DREISSIGJÄHRIGER KRIEG

Religionskrieg, der von 1618 bis 1648 dauerte und mit dem Westfälischen Frieden endete. Hauptursache war der Streit zwischen den Protestanten und den Katholiken, also den reformierten und den papsttreuen Ländern. Damals wurde fast ganz Europa verwüstet.

DRUCKWERKE

Das einzige Medium, das Galileo Galilei zur Verfügung stand. Und er nutzte es rege.

FERNROHR

Gerät, mit dem man weit entfernte Gegenstände sehen kann. Galileo Galileis Fernrohr besteht aus einer konvexen »Sammellinse« (in der Mitte dicker als am Rand) und einer konkaven »Okular – oder Zerstreuungslinse« (in der Mitte dünner als am Rand)

FLUGBAHN

Verlauf eines Gegenstands in Bewegung. Galileo Galilei beschrieb und berechnete die Flugbahnen von Kanonenkugeln ganz anders als seine aristotelischen Kollegen.

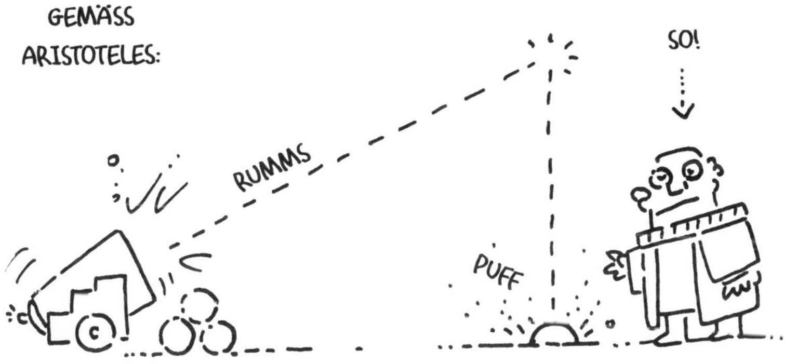

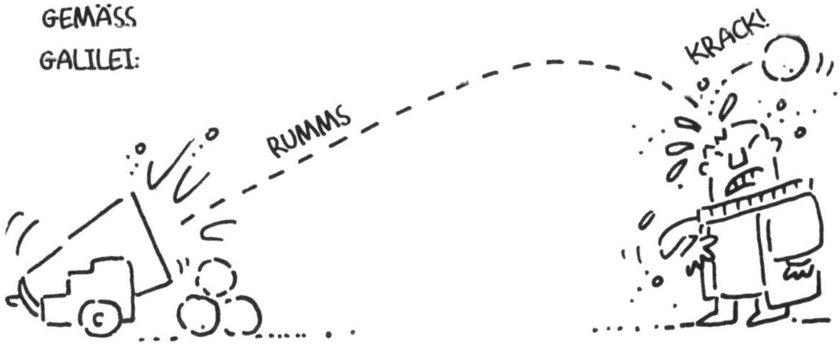

HIMMEL

Nach Meinung der alten Astronomen drehen sich mehrere Himmel um die Erde. In einem davon befindet sich der Mond, in einem anderen die Sonne und natürlich auch die damals bekannten Planeten. Und ganz am Rand befinden sich die Engel, die die Bewegung der Gestirne lenken.

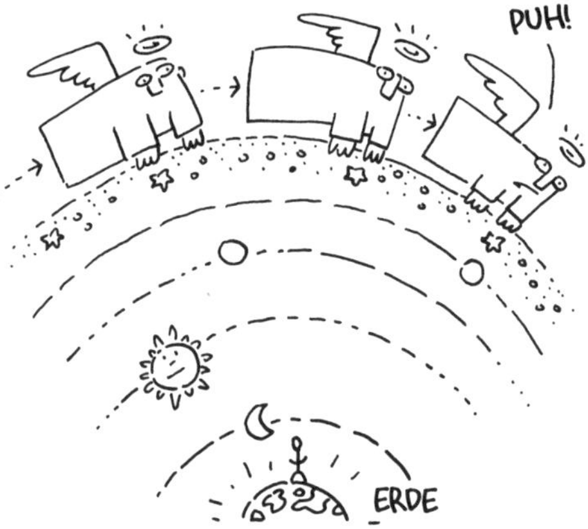

HOROSKOP

Blick in die Zukunft auf Basis der Gestirne. Galileo Galilei hat der Astrologie als Wissenschaft zwar den Garaus gemacht, doch das ändert nichts an ihrer Beliebtheit und Verbreitung.

JUPITER

Der größte Planet unseres Sonnensystems. Galileo Galilei entdeckte vier bis dahin unsichtbare Monde, die sich um Jupiter drehen. Heute kennen wir sechzehn Monde.

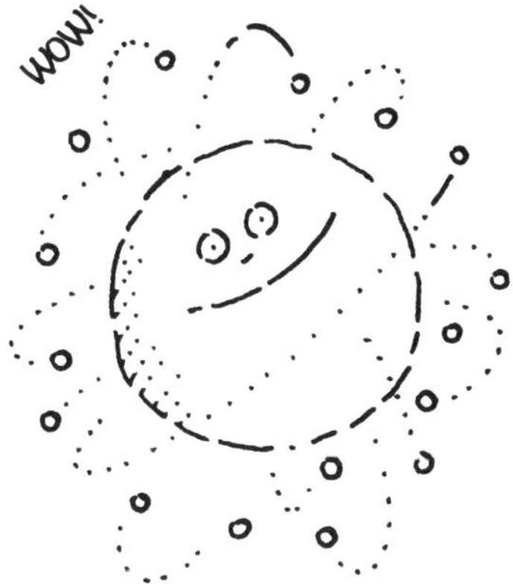

KANONEN

Als Kriegswaffen wurden sie während Galileo Galileis Zeit immer wichtiger. Im Auftrag der Herrschenden konstruierte er Geräte, mit denen man die Geschossbahnen berechnen konnte.

KEPLER, JOHANNES (1571-1630)

Deutscher Kollege von Galileo Galilei, der in Prag arbeitete. Er bestätigte die Richtigkeit der kopernikanischen Ideen und stellte fest, dass sich die Erde und die anderen Planeten nicht kreisförmig, sondern auf elliptischen (ovalen) Bahnen um die Sonne drehen.

Die von ihm entdeckten Gesetze haben bis heute Gültigkeit, wenn es um die Berechnung der Bahnen von Monden und Satelliten geht.

KETZEREI

Als Ketzerei wurde alles bezeichnet, was den Lehren der katholischen Kirche widersprach.

KOMET

Heute wissen wir, dass es sich bei einem Kometen um ein Gebilde aus Eis und Gas handelt, das auf einer elliptischen, also ovalen, Flugbahn um unsere Sonne kreist. Zu Galileo Galileis Zeiten wusste man noch nichts über Kometen, weshalb ihr Auftreten immer Angst und Schrecken verbreitete.

KONSTELLATION

Gruppe von Sternen, die, von weitem gesehen, eng beisammen stehen.

KOPERNIKUS, NIKOLAUS (1473–1543)

Ostpreußischer Astronom, der auch in Italien, in Bologna und Padua, studiert hatte. Er war der erste Astronom der Moderne, der behauptete, dass sich die Erde um die Sonne dreht und nicht umgekehrt.

LAUTE

Sehr beliebtes Musikinstrument des späten Mittelalters und der Renaissance. Auch Galileo Galilei und sein Vater liebten sie sehr. Sie ist ein Saiteninstrument, das jedoch auch bewegliche Tasten hat.

MIKROBEN

Eine Mikrobe (Pasteurella pestis) ist der eigentliche Pesterreger.

MIKROSKOP

Instrument zur Vergrößerung von Gegenständen oder kleinen Tierchen. Dank des Mikroskops – eingesetzt nach Art Galileis – kam man den wahren Verursachern der Pest und anderer Krankheiten auf die Spur.

MILITÄRISCHER UND GEOMETRISCHER ZIRKEL

Diesen hat Galileo Galilei auf der Basis von anderen Zirkeln und früheren Recheninstrumenten entwickelt. Seinen Erfolg verdankte er – unter anderem – der Tatsache, dass man damit exakt die Flugbahn von Geschossen berechnen konnte.

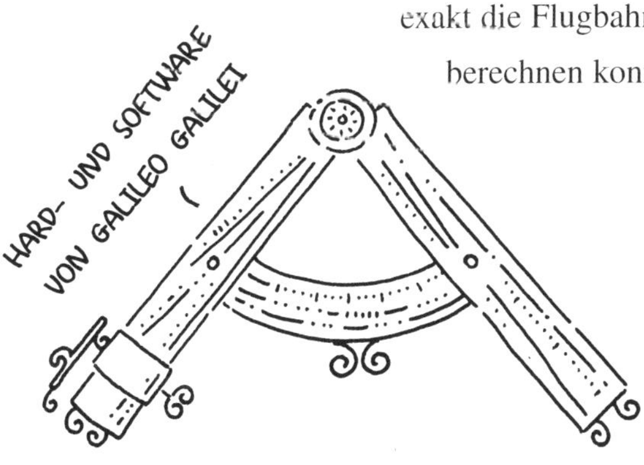

MONDBEWOHNER

Galileo Galilei glaubte nicht, dass der Mond bewohnt ist. Allerdings wäre es auch sehr gefährlich für ihn gewesen, so etwas zu äußern.

MONDKRATER

Kreisförmige Senke im Boden des Mondes. Vor Galileis Zeit hätte man nicht einmal davon zu träumen gewagt, dass es Mondkrater überhaupt gibt.

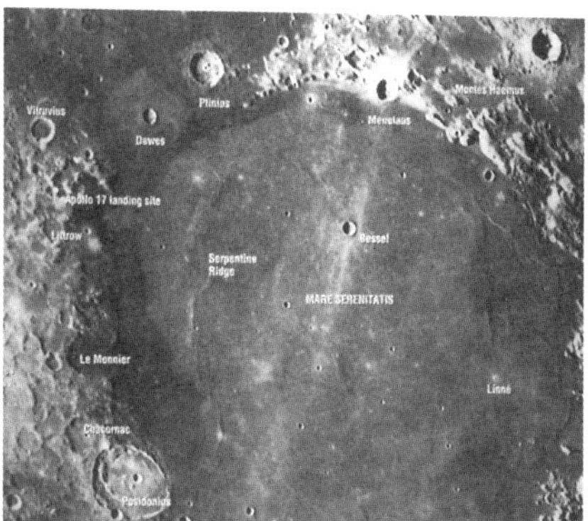

NEPTUN

Der am weitesten entfernte Planet unseres Sonnensystems. Wer weiß – vielleicht hat Galileo Galilei ihn schon 1612 beobachtet, 234 Jahre vor seiner offiziellen Entdeckung.

OFFICINE GALILEO

Eine preisgekrönte Fabrik, gegründet 1864 in Florenz, in der wissenschaftliche Geräte hergestellt werden. Hier ein altes Reklameschild.

PENDELGESETZ

Galileo Galilei hat entdeckt, dass die Schwingungsbögen eines Pendels zwar von Mal zu Mal kürzer werden, die Zeit aber während des Hin- und Herpendelns, gemessen am eigenen Herzschlag, immer dieselbe bleibt. Diese Zeit hängt von der Länge des Pendels ab. So lässt sich mit einem schwingenden Pendel auf einfachste Weise die Zeit messen.

PESTÄRZTE

Mit dem Verbrennen von Kräutern und Pflanzen versuchten sie die Epidemien zu bekämpfen, ohne jedoch deren Ursache zu kennen. Die Pest wurde durch Flöhe und Ratten verbreitet, und die schlechten hygienischen Verhältnisse trugen zu ihrer Verbreitung bei.

PHYSIK

Wissenschaft, die sich mit den Gesetzen der Materie beschäftigt. Erst durch Galileo Galilei wurde sie zu einer experimentellen Wissenschaft, welche die Naturgesetze mit Instrumenten und Experimenten erforscht.

PTOLEMÄUS

Wissenschaftler aus Alexandria in Ägypten, der im zweiten Jahrhundert unserer Zeitrechnung lebte. Er vertrat die Ansicht, dass die Erde still steht und die Sonne um sie kreist.

PULSMESSUNG

Um 1600 maßen die Ärzte den Pulsschlag ihrer Patienten mit einem Pendel. Sie stützten sich auf das Pendelgesetz, das Galileo Galilei durch eine schwingende Öllampe erkannt hatte. Sie veränderten die Länge des Pendels, bis die Pulsschläge genau mit dem Rhythmus des Pendels übereinstimmten. Dann maßen sie die Länge des Fadens.

SALBER

So wurden arme Unschuldige bezeichnet, die man der absichtlichen Verbreitung der Pest bezichtigte. Angeblich sollen sie

Salben an Haustüren geschmiert haben. Natürlich waren sie unschuldig, doch während der Pest in Mailand um 1630 gestanden sie unter der Folter alles, was ihnen zur Last gelegt wurde.

SATURN

Galileo Galilei erkannte als Erster, dass der Saturn etwas sonderbar aussieht, doch seine gewaltigen Ringe wurden erst Jahrzehnte später vom holländischen Astronomen Christian Huygens mit einem sehr viel stärkeren Fernrohr entdeckt.

SEXTANT

Gerät zur Messung von Winkeln. Es wird vor allem zum Messen des Höhenwinkels benutzt, den ein Himmelskörper (Sonne, Fixstern, Planet, Mond) mit dem Horizont bildet. Mit mehreren solcher Messwerte kann man die Position der Himmelskörper berechnen.

SIDEREUS NUNCIUS

Der Sternenbote - so der Titel des Buchs, in dem Galileo Galilei seine ersten bahnbrechenden Entdeckungen schilderte. Damit hatte er sich quasi selbst zum Botschafter des Kosmos ernannt.

SONNENFLECKEN

Riesige Flächen mit niedrigeren Temperaturen, die deshalb dunkler aussehen. Sehr große Sonnenflecken kann man in gewissen Jahren sogar mit bloßem Auge sehen. Galileo war der Erste, der ihre Bewegungen studiert und daraus geschlossen hat, dass sich nicht etwa die Flecken bewegen, sondern die Sonne sich um sich selbst dreht.

SPEZIFISCHES GEWICHT

Verhältnis der Gewichtskraft eines Körpers zu seinem Volumen. Statt vom spezifischen Gewicht spricht man in der Physik auch von »Wichte«.

STREIT UM SCHWIMMENDE KÖRPER

Wissenschaftliche Auseinandersetzung zwischen Galileo Galilei und einigen Anhängern des Aristoteles. Ihrer Meinung nach bewirken Form und Gewicht eines Körpers, ob dieser auf dem

Wasser schwimmt oder untergeht. Galilei bewies hingegen, dass es allein auf das spezifische Gewicht des Gegenstands ankommt. Je höher das spezifische Gewicht, desto eher sinkt ein Körper.

URANUS

Siebter Planet unseres Sonnensystems. Er befindet sich zwischen Saturn und Neptun und wurde erst 1781 entdeckt. Er hat fünf Monde.

VENUS

Dieser Planet ist immer zu sehen. Man nennt ihn »Morgenstern«, wenn er vor der Sonne aufgeht, »Abendstern«, wenn er gleich nach Sonnenuntergang zu sehen ist. Mit dem Fernrohr hat Galileo Galilei entdeckt, dass die Venus wie der Mond »Phasen« hat, und zwar deshalb, weil sie zwischen der Erde und der Sonne kreist.

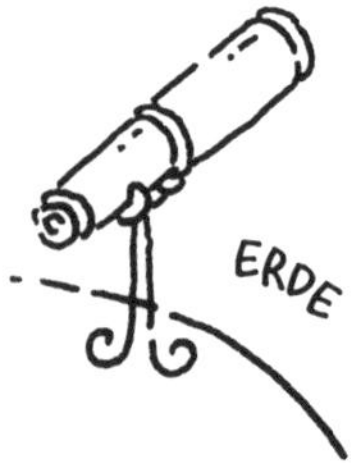

WELTBILD, KOPERNIKANISCHES

Dieses geht auf Kopernikus zurück. Im Zentrum steht die Sonne, um welche sich die Erde und die anderen Planeten drehen.

WELTBILD, PTOLEMÄISCHES

Dieses geht auf Ptolemäus zurück und wurde viele Jahrhunderte lang als zutreffend angesehen. Die Erde steht unbeweglich im Zentrum des Universums und Sonne, Mond, Planeten und Sterne kreisen um sie herum.

ZODIAKUS

Zone am Himmel, innerhalb derer sich die Sonne, der Mond und die Planeten bewegen. Hier liegen die Tierkreiszeichen – Sternenkonstellationen, die sich, von der Erde aus betrachtet, zu bewegen scheinen und nach Ansicht der Astrologen auf das Schicksal von uns Menschen einwirken.

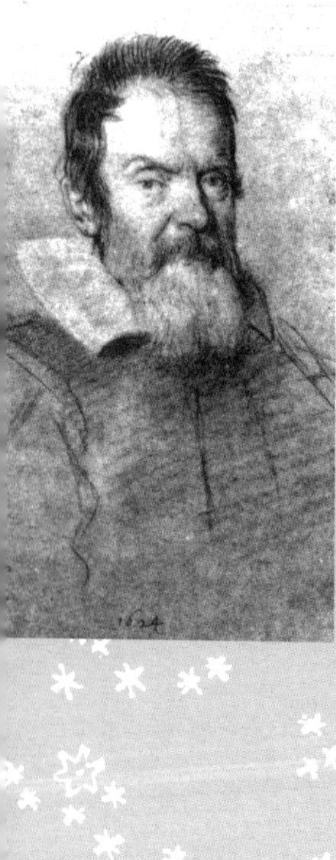
1624

DIE ERDE BEWEGT SICH
DOCH – UND WIE!

Inhaltsangabe

LUCA NOVELLI,

Autor und Illustrator, ist der Verfasser zahlreicher Bücher über Naturwissenschaften und Natur, die in viele Sprachen übersetzt wurden. Er arbeitet als wissenschaftlicher Berater für die RAI, das staatliche italienische Fernsehen, und leitete zehn Jahre lang eine Zeitschrift für Grafik und Design. Für die Reihe „Lebendige Biographien" erhielt er 2004 den italienischen Andersen-Preis als bester populärwissenschaftlicher Autor.

ARENA BIBLIOTHEK DES WISSENS

Lebendige Geschichte

978-3-401-06469-7

978-3-401-06466-6

Auch als Hörbuch bei Arena Audio

978-3-401-06064-4

Eine Auswahl weiterer Titel in dieser Reihe:

Harald Parigger
Caesar und die Fäden der Macht
Auch als Hörbuch bei Arena audio
ISBN 978-3-401-05979-2

Maria Regina Kaiser
Karl der Große und der Feldzug der Weisheit
ISBN 978-3-401-06065-1

Harald Parigger
Sebastian und der Wettlauf mit dem Schwarzen Tod
Die Pest überfällt Europa
ISBN 978-3-401-05583-1

Harald Parigger
Fugger und der Duft des Goldes
Die Entstehung des Kapitalismus
ISBN 978-3-401-05992-1

Martin Zimmermann (Hrsg.)
Weltgeschichte in Geschichten
ISBN 978-3-401-06216-7

Harald Parigger
Barbara Schwarz und das Feuer der Willkür – Ein Fall aus der Geschichte der Hexenverfolgungen
Auch als Hörbuch bei Arena audio
ISBN 978-3-401-06124-5

Arena

Jeder Band:
Klappenbroschur.
www.arena-verlag.de